VOYAGE

A WIESBADEN

SUIVI DE

LA CAUSE

de

L'APPEL AU PEUPLE

DÉFENDUE DEVANT HENRI DE FRANCE,

Par M. Henri CABION.

An 1850.

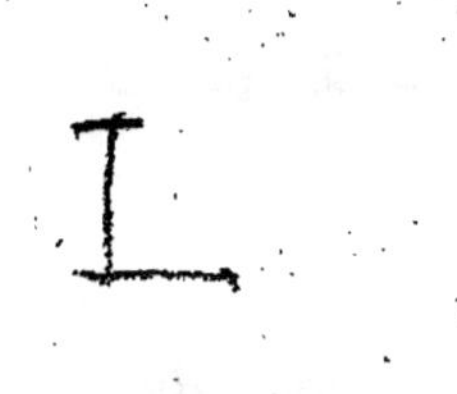

VOYAGE
À WIESBADEN.

Des eaux du Rhin, le 23 août 1850.

C'est sur le magique fleuve du Rhin, cette ceinture naturelle de la France, que nous commençons à écrire ce récit.

Il est six heures du matin. Nous sommes partis hier de Lille à la même heure. Nous n'avons pas cessé de voyager et, dans quelques heures, nous toucherons au terme de notre pélerinage. Emportés sur les ailes de feu des locomotives de terre et d'eau, que de majestueuses cités, que de frais paysages nous avons vu passer devant nos yeux ; comment surtout vous peindre les enchantements du tableau mouvant des rives poétiques du Rhin ! Mais comme les missionnaires qui fermaient les yeux devant les splendeurs de la création dans les contrées vierges qu'ils accouraient conquérir à la croix, nous devons aujourd'hui passer sous silence les merveilles de l'œuvre de Dieu et de l'industrie des hommes, pour donner toutes nos pensées à la mission politique qui nous a été confiée.

Qu'allons-nous faire à Wiesbaden? — Voir et saluer, au milieu de l'auréole du malheur, la majesté de nos vieux monarques français dans leur dernier rejeton? — Il y a bientôt seize ans que nous avons fait ce pélerinage chevaleresque : Dieu ne nous a pas fait assez riche de temps ni d'argent, pour que nous puissions renouveler ainsi ces démarches aux émouvantes et nobles impressions, mais qui ne donnent qu'une satisfaction toute personnelle à celui qui a le bonheur de pouvoir les réitérer souvent.

Ce n'est donc pas un voyage sentimental que nous allons faire à Wiesbaden : l'âge des romans politiques est d'ailleurs passé pour nous. C'est un devoir que nous allons accomplir. Des cœurs généreux comme sait en faire battre, dans tous les rangs de la société, le droit national, des propriétaires, des négociants, des artisans, des ouvriers, délégués par leurs coréligionnaires des divers arrondissements du département du Nord, nous ont fait prier de venir avec eux faire entendre un vrai cri de loyaux français parmi les courtisans les plus excusables de tous, les courtisans de l'exil; et obéissant à cette voix qui aura toujours sur notre volonté un plein pouvoir, nous nous sommes mis en route.

Qu'allons-nous donc dire à Henri de France? — Sans avoir la sotte prétention de nous poser en mentor, ni en conseiller des rois, nous allons lui dire la vérité, en lui traduisant avec la simplicité, mais aussi avec la franchise d'hommes libres, les vœux de ces populations qu'aucun intérêt de caste, mais seulement l'amour du pays, conserve fidèles à sa cause.

Nous allons lui dire ce que, sur la foi de Châteaubriand, nous répétons chaque jour en son nom et comme ayant reçu l'adhésion la plus formelle de sa raison et de son cœur.

Nous voulons qu'il soit bien constaté, pour vaincre l'incrédulité des uns, et la résistance de l'esprit rétrograde des autres, qu'entre le cœur de Henri de France et celui des hommes du droit national, il n'existe aucune barrière.

Nous sommes impatients que la France apprenne qu'il n'est pas complice de cette funeste direction parlementaire qui, sans les protestations incessantes des hommes du droit national, aurait perdu d'honneur et privé de toute autorité, l'opinion légitimiste. Oui, qu'il soit démontré, par des témoignages irrécusables, que le comte de Chambord n'a rien rétracté de ce qu'il a dit, ou écrit tant de fois, et au milieu des plus mémorables circonstances; que ce n'est pas lui, comme l'ont insinué de perfides ennemis et peut-être quelques amis plus perfides encore, que ce n'est pas lui qui absout ces frauduleuses palinodies qui détruisent le suffrage universel après l'avoir exalté;

qui foulent aux pieds ces libertés nationales dont il s'est proclamé le partisan, et si la France le veut un jour, le défenseur intrépide contre toutes les entreprises, qu'elles viennent d'en haut ou d'en bas; qu'il est resté fidèle à sa devise: *Tout pour la France et par la France*; qu'enfin, il est toujours ce roi du nouvel univers que le plus beau génie de notre siècle a sacré de ses dernières larmes.

Voilà ce que nous allons faire à Wiesbaden. Notre prochaine lettre vous dira comment nous aurons réussi dans cette mission.

ARRIVÉE A WIESBADEN.

24 août.

Notre séjour sur le bâteau à vapeur, outre les incidents pittoresques dont nous n'avons pas à nous occuper ici, en a eu d'autres d'une nature qui les rapproche davantage de notre mission.

Ainsi, nous avons rencontré plusieurs royalistes du pays de Metz, hommes du droit national comme nous, qui avaient eu divers entretiens particuliers avec le prince dont ils revenaient enchantés. — Quelques conversations religieuses du plus haut intérêt s'engagèrent aussi entre nous et un pasteur protestant de Neufchâtel, homme très instruit et d'une grande facilité d'élocution.

Après avoir agité plusieurs questions de dogme et de discipline qui séparent les diverses communions chrétiennes, nous tombâmes d'accord sur ce point que les vœux de tous les hommes éclairés devaient être pour la réunion de toutes les sectes dans le sein du divin auteur du christianisme, et que ce jour luirait enfin pour la consolation des hommes de foi.

Nous rencontrâmes sur le même bâteau M. le maréchal duc de Raguse, qui portait l'hommage de sa vieille fidélité à M. le comte de Chambord. Il reconnut parmi nous un ancien garde du corps, M. Martel;

aujourd'hui peintre-verrier, et lui demanda s'il avait conservé son ordre du jour de Valogne en 1830 ; M. Martel le lui ayant représenté immédiatement, les yeux du vieux maréchal se remplirent de larmes.

Enfin, nous touchâmes terre et, chose incroyable, qui ne s'explique que par le but de notre voyage, nous quittâmes le Rhin sans regrets. Une demi-heure après nous étions à Wiesbaden.

En arrivant, nous rencontrâmes les équipages du duc de Nassau, qui venait de rendre visite au comte de Chambord.

On nous conduisit à l'hôtel de Hollande, où nous débarquâmes quelque peu harassés. Nous prîmes la sage résolution de nous reposer le reste de la journée. Mais nous apprîmes presqu'en même temps que le prince devait, le lendemain, aller rendre une visite de famille à Ems, et qu'ayant appris l'arrivée de la députation du Nord, il désirait la recevoir immédiatement.

Nous quittâmes notre repas pour échanger nos habits poudreux contre l'habit des jours de fête, et nous allâmes ensemble à l'hôtel *Duringer*, où M. le comte de Chambord a voulu descendre sans aucun faste princier.

On nous introduisit dans un salon où plusieurs autres personnes, parmi lesquelles plusieurs dames, attendaient déjà le prince.

La députation s'étant rangée dans l'ordre des villes du département auxquelles ses membres apparte-naient, je fus chargé de la présenter au prince, en lui nommant individuellement tous ces membres.

M. le comte de Chambord ne tarda pas à paraître. Il s'approcha d'abord des dames et leur adressa quelques paroles aimables. L'une d'elles, en voulant parler, fondit en larmes. C'était le plus éloquent de tous les discours.

Le prince vint à nous et tout en m'apercevant, il me dit : Je vous ai vu à Londres.

— Et à Prague, monseigneur, répondis-je.

Puis j'ajoutai : Monseigneur, j'ai l'honneur de vous présenter une partie de la députation des hommes du droit national du département du Nord. Quelques-uns de nos amis ont été retenus en route, je réclame pour eux comme pour les membres ici présents une seconde audience.

Le prince ayant gracieusement souscrit à cette demande, je commençai à lui nommer tour à tour chacun de nos amis. A tous il adressa quelques mots en particulier, en écoutant avec bonté ce que chacun voulait lui dire.

Un picard, qui nous avait demandé de le prendre avec nous, expliqua naïvement au prince qu'il lui avait apporté un petit cadeau et qu'il réclamait l'honneur de le lui présenter. Le prince l'y autorisa.

Nous avions, parmi nous, trois ouvriers du port de Dunkerque, dont l'un avait une jambe de bois : le prince y prit un intérêt tout particulier.

Parvenu à M. Lescut, le prince lui dit : ne vous ai-je pas vu déjà ce matin ? — C'est vrai, prince, lui dit M. Lescut qui, en effet, arrivé avant nous, avait été présenté le matin : vous voir deux fois dans un jour ce serait trop de bonheur, si ce n'était pas deux fois en vingt ans.

M. Preban-Berthelot qu'à sa figure franche et accentuée, M. de Levis avait pris pour un vendéen , adressa ensuite au prince quelques mâles paroles où il lui exposa, au nom des hommes du droit national de son pays, qu'il ne séparait pas sa cause de celle de la liberté et que l'une ne pouvait pas triompher sans l'autre. Puis il remit, au prince, une note rédigée dans ce sens, note que le prince lui promit de lire.

M. le comte de Chambord dont la présence était réclamée à un concert que donnaient des artistes français, nous quitta, et tout le monde trouva que l'entrevue était trop courte.

Nous nous consolâmes en pensant qu'une autre entrevue nous était promise.

En revenant, nous rencontrâmes la députation des bretons du Morbihan, dans leur costume national. Ils venaient de dîner, ce jour-là, à la table du prince et leurs figures respiraient ce calme et cette sérénité que les enfants de l'Armorique conservent dans leurs plus vives émotions. Nous nous réservons d'en parler plus amplement à nos lecteurs en leur faisant connaître les noms et professions de ces bretons, ainsi que la biographie de quelques-uns d'entr'eux. Contentons-nous de citer aujourd'hui un mot qui les peint d'un seul trait : êtes-vous français, leur demandait-on dans l'hôtel où ils étaient descendus. — « Devant » l'étranger nous sommes tous français, répondit l'un » d'entr'eux : en France nous sommes bretons. »

Nos flamands fraternisèrent avec les bretons avec une grande effusion de cœur : malheureusement ils partaient aujourd'hui.

25 août.

C'est aujourd'hui dimanche , aujourd'hui c'est la fête de saint Louis. Le prince n'est pas à Wiesbaden : comme nous l'avons dit hier, M. le comte de Chambord est allé rejoindre à Ems la duchesse de Modène qui l'attendait. Il ne sera de retour que ce soir. Nous le verrons à la soirée où nous sommes tous invités.

A chaque instant il arrive ici de nouveaux français de tous les points de la France; et un merveilleux accord s'établit entre tous sur la ligne du droit national; ou, pour parler plus exactement, ils reconnaissent, avec une grande satisfaction de conscience et d'intelligence, que c'est la ligne qu'ils suivaient tous d'instinct depuis longtemps. Les préjugés semés ici avec une singulière perfidie ou une bien profonde ignorance, s'évanouissent comme le brouillard à l'approche de la lumière. On est forcé de reconnaître que ces hommes qu'on avait peints comme des exaltés, sont calmes comme la raison, fermes comme la foi; et que ces inflexibles champions des libertés nationales, loin de diminuer le droit du roi légitime, veulent au contraire l'asseoir sur l'inébranlable base du droit de tous.

Quant au prince, loin de fuir la vérité, il va au-devant d'elle ; il aime qu'on la lui dise avec une entière franchise ; et s'il s'aperçoit de quelque concession faite par esprit de flatterie ou par faiblesse de caractère, son œil devient sévère, et on l'a vu même en pareille circonstance, faire un pas en arrière, pour exprimer au visiteur qu'il l'avait assez entendu.

M. Bouhier de l'Ecluse, l'un des plus fermes défenseurs du droit national à l'assemblée, a reçu du prince un accueil des plus distingués, après avoir parlé avec une respectueuse mais complète liberté.

M. Léo de Laborde, autre champion du droit national à l'assemblée, est descendu à l'hôtel même du prince qui lui a fait dire qu'il se tînt prêt à s'entretenir avec lui.

Partout, en un mot, où M. le comte de Chambord croit pouvoir découvrir des indices de l'opinion publique en France, il cherche à la faire s'expliquer devant lui ; il n'attend pas qu'on lui demande les audiences particulières ; lui-même les assigne à ceux-là surtout qu'il croit pouvoir différer en quelques points d'opinion avec lui : en un mot, c'est la vérité qu'il cherche et la franchise qu'il estime par-dessus tout.

Voilà ce que nous pouvons conclure de toutes les conversations particulières que nous avons eues jusqu'à présent avec tous les hommes considérables qui l'ont approché. Demain nous pourrons parler d'après nos propres impressions, puisque M. le comte de Chambord a bien voulu nous faire prévenir qu'il désirait nous entretenir particulièrement.

Nous n'avons pas d'autres épisodes à vous signaler aujourd'hui qu'une messe en l'honneur de saint Louis, à laquelle ont assisté tous les français présents à Wiesbaden ; et un banquet fraternel où ils doivent tous se réunir ce soir.

La plus parfaite concorde règne parmi nous et parmi les dissidents du droit national ; ce sont plutôt des hommes trompés sur nos idées qu'hostiles à notre personne, que nous rencontrons ici.

Puissions-nous rapporter en France la paix et l'union qui règnent dans la presqu'unanimité des pélerins de Wiesbaden !

26 août.

Je dois commencer par vous raconter dans tous leurs détails plusieurs épisodes de la journée d'hier, que l'heure du courrier m'a permis à peine d'indiquer.

Le matin, nous avions été assister à l'office divin, dans l'unique église que possède la population catholique et protestante de Wiesbaden. Cette église, de construction nouvelle, bâtie en pierre rouge du Rhin, offre un mélange parfois heureux, quoi qu'un peu lourd en certaines parties, des divers styles gothique, sarrasin, et de la renaissance. L'ensemble est empreint d'un véritable caractère religieux. Les fidèles occupent la grande nef, sur deux rangées de bancs : à droite, les femmes ; à gauche, les hommes. Tous chantent, durant l'office, avec leurs belles voix allemandes, d'harmonieux cantiques qui portent l'ame à Dieu, et entr'ouvrent les régions paisibles du ciel aux sens et à l'esprit.

A midi, tous les français présents à Wiesbaden se réunirent dans la même église pour y entendre la messe de saint Louis. Ils y avaient été conviés par un religieux de la Sainte-Trinité, dans le costume de l'ordre, qui rappelle les religieux de la Merci à qui tant de captifs chrétiens furent redevables de la liberté. Une courte instruction sur les vertus royales de saint Louis fut adressée à l'auditoire par le célébrant, qui exhorta tous les français restés fidèles au sang du grand roi que vénère encore l'Orient, à mettre leur confiance dans la justice de Dieu qu'il observa et sut faire observer partout.

Nous avions, entre temps, été rendre visite, avec toute la députation des hommes du droit national du département du Nord, à M. Léo de Laborde à qui, la veille, nous avions serré la main, au moment où il descendait de voiture à l'hôtel Duringer. Après l'avoir remercié de sa noble attitude à l'assemblée, nous le priâmes d'être l'interprète de nos idées comme de nos sentiments auprès du prince, qui avait témoigné le plus vif désir de l'entretenir en particulier.

Puis, nous retournâmes chez M. Bouhier de l'Ecluse que nous n'avions pas rencontré chez lui, la veille. A notre prière, il nous raconta, dans tous ses détails, une longue et intéressante conversation politique qu'il avait eue avec M. le comte de Chambord, sur les questions actuelles. Quand M. Bouhier de l'Ecluse lui eut exposé la théorie de l'appel au peuple, le prince lui déclara que jusqu'à présent la question ne lui avait pas été présentée ainsi. En effet, d'après les entretiens que nous avions eus nous-mêmes avec quelques personnes de la suite du prince, il nous avait été facile de reconnaître que les plus étranges préjugés avaient été nourris contre cette question si simple et si importante tout à la fois. Le prince qui recherche de bonne foi la vérité et qui estime singulièrement ceux qui n'hésitent pas à le contredire, pour la lui faire connaître, avait, le soir même de cet entretien, distingué dans la foule qui se pressait au concert et fait asseoir près de lui, M. Bouhier de l'Ecluse.

Nous invitâmes le digne représentant du droit national, à venir présider le banquet qui devait nous réunir à l'hôtel de la Promenade.

A ce banquet, nous avions encore invité, entr'autres personnages, M. le président du cercle national de Paris. Un grand nombre d'hommes du droit national de diverses provinces étaient venus s'asseoir parmi les délégués du département du Nord.

Au dessert, M. Preban-Berthelot, de Vimoutiers, près Caen, porta le toast suivant :

« Aujourd'hui, jour de St-Louis, j'ai l'honneur de vous proposer trois toasts, qui se résument en un seul :

« Aux représentants du peuple qui ont défendu le droit national.

» A l'union de tous les français sur le terrain des principes vrais qui peuvent seuls assurer le salut de la France.

» Au très prochain triomphe du nouvel univers entrevu par Chateaubriand. »

M. Bouhier de l'Ecluse répondit par le toast suivant :

« A la France, à Henri !

» C'est surtout sur le sol étranger que l'on aime à se rappeler le souvenir de la patrie; et l'on est doublement heureux de se trouver réunis lorsque, comme nous, animés d'un même sentiment, on célèbre la fête d'un des rois les plus grands et les plus saints, parmi cette longue suite de monarques auxquels la France a dû sa prospérité et le haut rang qu'elle occupe dans le monde.

» Comment aurions-nous pu d'ailleurs oublier de fêter la Saint-Louis, lorsque nous sommes venus si loin de notre pays, sur la terre hospitalière de Nassau, apporter le témoignage de notre dévouement et de notre fidélité, au prince dont le nom et les qualités personnelles nous rappellent tout à la fois et le grand nom de Henri IV et les vertus de saint Louis.

» Je vous propose, messieurs, de porter comme l'expression de notre pensée à tous, ce dernier toast :

« A la France, à Henri.... au maintien intact du grand principe qu'il représente et personnifie si bien ! »

Ainsi se termina ce banquet que quelques esprits chagrins et timorés avaient voulu signaler comme une dangereuse démonstration.

Le soir, nous nous rendîmes à l'hôtel Duringer, où le prince, de retour de son excursion à Ems, nous avait fait inviter à venir passer la soirée. Nous y remarquâmes M. de Salvandi, l'ancien ministre de l'instruction publique, dont la figure rayonnante révêlait le **contentement** intérieur qu'éprouve l'ame qui revient loyalement au droit et à la vérité.

Ce fut, au commencement de cette soirée, que suivant la bienveillante autorisation du prince, je lui présentai, pour la seconde fois, la députation des hommes du droit national du département du Nord, complétée par ceux de ses membres qui avaient mis un retard forcé à arriver. L'accueil du prince fut, comme la première fois, rempli de cordialité.

27 août.

M. Cavrois, armateur à Dunkerque, qui était venu avec trois ouvriers de ce port, Vermesch, Poirier et Vammoë, avait été autorisé par le prince à les lui présenter en audience particulière. Le prince ayant demandé à l'un d'eux, s'il y avait beaucoup de royalistes à Dunkerque, notre marin se gratta l'oreille d'un air quelque peu embarrassé. — Vous pouvez répondre franchement, lui dit le prince: — Eh! bien, Monseigneur, répondit vivement l'ouvrier Dunkerquois, je vous dirai que vous auriez bien plus d'amis parmi nous autres ouvriers, s'ils n'avaient pas peur que vous vous raccommodiez avec les J. F. qui nous ont toujours trompés. — Le prince se prit à rire de cette repartie populaire. Puis, après avoir longuement interrogé ces braves gens sur leurs travaux et sur leurs familles, il leur tendit la main qu'ils baisèrent respectueusement : — Si nous nous embrassions, fit le prince : et il serra ces rudes fils du peuple sur sa poitrine royale. En sortant, ils étaient ivres de bonheur.

. . . .

J'ai interrompu ma lettre, pour me rendre à l'audience particulière où le prince m'avait fait mander aujourd'hui vers deux heures de l'après-midi.

Je suis entré à l'hôtel Duringer où nul garde ne vous barre le passage. Parvenu aux appartements du prince, il m'a suffi de montrer ma lettre de convocation. Un domestique m'a introduit dans un salon d'attente où était arrivé déjà M. Edouard Walsh, mon ancien compagnon de voyage à Prague. A peine lui avais-je serré la main, que la porte du salon voisin où se trouvait le prince, s'ouvrit pour me recevoir. La porte se referma sur nous deux. Tout ce qu'on a dit dans certains journaux du cérémonial observé dans ces entretiens particuliers, et des témoins inévitables qu'on y rencontre, est donc une véritable moquerie.

Le prince vint à moi avec cette entraînante affabilité qu'il met dans toutes ses relations avec les Français, quelles que soient leur condition et leurs opinions ; et après quelques paroles pleines de bonté sur mes antécédents politiques : « Voyons, me dit-il, parlez-moi à cœur ouvert, et dites-moi tout ce que vous avez à me dire. — Après avoir fait observer au prince que je n'avais pas demandé d'audience particulière, j'ajoutai que, puisqu'il avait daigné me faire appeler auprès de lui, c'était à moi qu'il appartenait d'attendre qu'il voulût bien m'interroger ; et que j'étais prêt à lui répondre avec toute la sincérité d'un Français qui aimait avant tout sa patrie.

Le prince, dont le regard ne quittait pas le mien, me fit alors connaître les personnes en qui il avait placé principalement sa confiance et qui devaient nous tracer la ligne politique qu'il adoptait.

Je répondis avec une respectueuse fermeté au prince, que nous ne mettions d'autres bornes à notre dévouement à sa personne, et à notre obéissance à sa volonté, que celles de la conscience et des droits de la France.

Que parmi les hommes qu'il venait de me nommer, il en était qui, jusqu'à présent, n'étaient point posés en France comme des personnages politiques. Que nous n'avions pas attaqué et que nous n'attaquerions pas ces hommes, tant que leurs actes ne les mettraient pas en manifeste contradiction avec nos principes ; mais qu'il en était d'autres dont la ligne politique avait été déplorable depuis quelques années, et compromettante pour la cause même du prince. Que-ceux-là nous les avions attaqués et que nous continuerions à les attaquer s'ils ne changeaient point.

Le prince m'ayant prié de lui exposer nos griefs contre ces personnages, que nous ne croyons pas devoir nommer ici, je passai en revue les diverses questions politiques où ils s'étaient écartés de la droite ligne. Je fis ressortir surtout la singulière approbation que ces personnages trouvaient dans la presse orléaniste qui nous menaçait, en même temps, nous, hommes du droit national, de tous les anathèmes et de la désapprobation solennelle du prince que nous servions avec un dévouement si désintéressé.

— Mais le droit national, vous savez bien que je le veux respecter, me fit observer vivement le prince : vous ne devez pas avoir oublié ma déclaration à ce sujet, vous qui étiez à Londres.

— Oui, prince, répliquai-je, vous avez déclaré que vous étiez partisan des libertés nationales ; mais il est indispensable qu'il ne reste aucune équivoque, aucune arrière-pensée sur le sens que vous attachez à ce mot.

Par droit national, nous entendons, nous, non-seulement le droit héréditaire du roi légitime, droit imprescriptible ; mais encore les droits non moins imprescriptibles du peuple : ainsi, le suffrage universel, sincèrement appliqué, et non point mutilé comme il l'a été par la dernière loi électorale.

— Je mets, comme vous, le suffrage universel au nombre des libertés nationales.

— La liberté de la presse, dans les limites de la morale, et n'ayant pour répression que le droit commun.

— C'est bien ainsi que je comprends la liberté de la presse.

Enfin, j'abordai la question épineuse sur laquelle le prince, prévenu par une fausse interprétation, devait se trouver en dissidence avec nous.

Cette question n'étant pas une question de principe, mais une question de moyen, je crois devoir me borner à enregistrer ici la déclaration formelle du prince qu'il ne consentirait jamais à rentrer en France, ni par la guerre étrangère, ni par la guerre civile (1).

J'avais sur moi un numéro de l'*Emancipateur* où, à propos de la dernière loi électorale, j'avais défini les principes des hommes du droit national; je priai le prince de le lire avec attention, ainsi que quelques autres écrits que je devais lui envoyer. Il me le promit formellement.

Je m'en remis à sa haute intelligence et à l'exquise loyauté de son caractère pour nous juger, après un plus mûr examen, sur les points tout à fait secondaires où il pouvait être en divergence d'opinions avec des français dont le dévouement à sa personne n'était du moins suspect d'aucun calcul, ni d'aucun intérêt de caste.

J'ajoutai que ce dévouement n'irait jamais, chez nous, jusqu'à le flatter, ni notre obéissance jusqu'à trahir sa cause qui était celle de la France.

Comme je m'inclinais, pour sortir, le prince me tendit la main et me la serra à plusieurs reprises avec effusion.

Je ne saurais exprimer la foule de sensations diverses que j'emportai de cet entretien, qui dura près de trois quarts d'heure.

---

(1) Cette question, nous sommes autorisés aujourd'hui à le dire par la lettre de M. Poujoulat, représentant, est celle de l'appel au peuple. Le prince, à qui on avait persuadé qu'il s'agissait de remettre en question et de faire décider par un scrutin son droit héréditaire, était et devait être, on le conçoit, opposé à ce moyen.

En résumé, voici les principales :

Le comte de Chambord sait entendre la vérité. Il souffre la contradiction. Il aime, il estime ceux qui mettent la franchise au-dessus de l'étiquette.

Le comte de Chambord est d'accord avec les hommes du droit national sur les principes.

Le comte de Chambord, qui ne veut revenir ni par la guerre étrangère, ni par la guerre civile, prend au sérieux sa devise : par la France ou pas !

Au sortir de cette audience, j'ai trouvé réunis dans l'appartement que j'occupais avec M. de Lavaulx, un grand nombre de nos amis du droit national à qui je m'efforçai de raconter dans tous ses détails la conversation si intéressante que je venais d'avoir avec le prince.

Tous déclarèrent qu'ils s'associaient aux sentiments que j'avais exprimés, et qu'ils partageaient les convictions que j'avais émises et soutenues avec le respect dû à la personne du prince.

En revenant dîner à l'hôtel de Hollande, nous trouvâmes une de ces longues tables des vastes salles d'auberge d'Allemagne, où peuvent s'asseoir plus de cent convives, occupée déjà en partie par de nouveaux venus qu'à leur physionomie nous reconnûmes pour des français. Nos flamands avaient eux-mêmes recruté un assez bon nombre d'hommes du droit national de l'Auvergne, de la Normandie, et d'autres provinces de France. C'était donc un véritable banquet fraternel qui s'improvisait. Pour bien nous assurer que nous fussions tous au même diapazon, quelques-uns d'entre nous eurent l'idée de porter quelques toasts significatifs.

Au dernier toast qui fut le développement de l'appel au peuple, tel que nous l'entendions, tous les convives se levèrent par un mouvement électrique et avec un véritable enthousiasme.

Comme nous étions encore invités à passer la soirée chez le prince, nous nous y rendîmes, mais cette fois avec une fleur blanche à la boutonnière, comme le signe de ralliement des hommes du droit national : notre but était de prouver au prince, contre une assertion opposée, que nous n'étions pas, à Wiesbaden, en minorité.

Quelques-uns d'entre nous avaient apporté de gros bouquets des mêmes fleurs qui furent réclamées par la plupart des visiteurs aussitôt qu'on sut ce qu'elles signifiaient ; et il devint aussi facile de compter les boutonnières veuves de ce signe vraiment français, qu'il eut été malaisé de compter celles qui l'avaient spontanément arboré.

Le prince s'étant arrêté devant moi et m'ayant adressé quelques paroles affables, je lui dis tout bas un mot qui faisait allusion à notre conversation du matin. Il s'éloigna en riant.

J'eus l'occasion, dans la même soirée, d'avoir plusieurs graves entretiens avec divers représentants qui se trouvaient dans les salons; entr'autres avec M. Dufougerais, dont les débuts à l'assemblée furent marqués par un véritable triomphe populaire, et que je trouvai dans les meilleures dispositions pour la révision de la fatale loi électorale qui a mutilé le suffrage universel.

Il fallut rentrer à l'hôtel, et nous y rentrâmes tristes, cette fois : car le lendemain était le jour irrévocablement fixé pour le départ.

28 août.

Cette nuit nous avons été réveillés par le tocsin. Le feu consumait une de ces frêles constructions en bois revêtues de plâtre qu'on retrouve trop fréquemment dans les maisons d'Allemagne.

La plupart des français ont travaillé à la chaîne. Les allemands se rendaient tranquillement au feu, les mains dans les poches et la pipe à la bouche. Quand ils ont vu que les français y couraient à toutes jambes, ils se sont mis à courir derrière eux. Voilà les deux nations, et leur mission providentielle, peintes dans ce seul trait.

Aujourd'hui, avant notre départ, MM. le comte Erard de Lavaulx, du Quesnoy, et Buisine-Rigot, sculpteur à Lille, ont été reçus en audience particulière par le prince, pour parler au nom de la députation des hommes du droit national du département du Nord, qui les avait désignés à cet effet.

Ils ont dit, avec la franchise d'hommes libres, et le dévouement de royalistes désintéressés, qui ne recherchent ni faveurs, ni honneurs, la vérité, toute la vérité au prince dont ils ont, du reste, écouté avec une respectueuse déférence, les diverses observations. Ils sont revenus, comme tous ceux qui ont approché le prince, dans l'enchantement de sa personne.

Avant de quitter Wiesbaden, nous chargeons un de nos délégués qui, arrivé plus tard, doit rester un jour de plus, de remettre au prince une note revêtue de nos signatures, afin qu'aucune fausse interprétation ne puisse désormais altérer nos idées, ni surtout la pureté de nos sentimens monarchiques.

Voici les principaux passages de cette note où les signataires commencent par exprimer leurs regrets de ne pouvoir emmener le prince avec eux sur la terre de France, et de ce qu'on ait réussi à lui faire illusion sur la manière dont ils professent l'appel au peuple, seul moyen, suivant eux, de le revoir sur le sol de la patrie, sans l'effusion du sang français.

Ils ajoutent :

« Confiants dans la haute intelligence que le génie de Châteaubriand a reconnue et saluée comme l'aurore d'un nouvel univers, ils espèrent pourtant qu'ils seront mieux compris aujourd'hui qu'ils sont mieux connus.

» En partant, ils viennent donc déposer aux pieds du roi leur Credo de royalistes, d'hommes du droit national :

» Tout pouvoir vient de Dieu.

» Dieu a délégué son pouvoir aux nations.

» Les nations ne pouvant se gouverner elles-mêmes, délèguent à leur tour ce pouvoir.

» Les Français l'ont délégué au roi, et les cahiers de 89 ont reconnu et proclamé que ce pouvoir était héréditaire, de mâle en mâle, par ordre de primogéniture, dans la famille de Louis XVI, sans préjudice aux libertés de la nation qu'elle ne peut pas plus aliéner, que le roi ne peut aliéner son droit.

» Aucune révolution, aucun acte de la volonté du peuple ne peut plus désormais briser ce contrat, ni infirmer cette déclaration de six millions de citoyens français.

» Nous croyons que la France, consultée directement par le suffrage universel, fera toujours la même déclaration.

» Nous croyons que, forcée à vivre, malgré sa constitution monarchique, sous le régime républicain, l'appel au peuple est le seul moyen logique et pacifique que la nation ait conservé de faire connaître sa libre volonté, sans laquelle le roi a déclaré ne point vouloir revenir en France, quand il a dit : par la France ou pas !

» Cette déclaration du peuple ne peut d'ailleurs infirmer le droit qui n'existerait pas moins quand même, par un aveuglement inconcevable, la France proclamerait qu'elle veut se suicider.

» Voilà notre foi politique.

» Nous l'avons reçue de nos pères ; nous la transmettrons à nos enfants ; nous sommes prêts à la signer de tout le sang qui fait battre nos cœurs de royalistes du droit national.

» Oui, tant qu'une goutte du sang de saint Louis et d'Henri IV restera sur la terre, les Français n'auront point d'autre roi légitime.

» Le roi régnera toujours sur nos cœurs, quand même il aurait méconnu notre dévouement.

» Le dogme auguste qu'il représente régnera toujours sur notre raison ; quoiqu'il pense , quoiqu'il ordonne.

» Mais pour que sa volonté règne sur la nôtre, il faut que cette volonté, tout auguste qu'elle est, reste elle-même soumise à une volonté plus auguste encore, la loi et les droits de la France, au-dessus de laquelle il n'y a rien pour nous, si ce n'est Dieu, l'auteur même de la loi. »

Après avoir embrassé M. Bouhier de Lécluse , l'un de nos dignes représentants à l'assemblée, qui a voulu rester parmi nous jusqu'au dernier moment, nous partons, pleins de cette joie calme que donne toujours la conscience d'un devoir accompli.

LE RETOUR.

Nous voilà donc encore une fois sur ce beau fleuve du Rhin, berceau des Francs nos pères, et que nos frères jumeaux les Allemands n'ont pas cessé de nous disputer. Le courant que nous suivons, cette fois, au lieu de le remonter, nous ramène vers la France, et nous voyons se dérouler plus rapidement devant nos regards impuissants à tout saisir, le féerique panorama de ses rives sinueuses. Partout ce sont des empreintes françaises qui flattent notre orgueil national. Voici la *roche de Rolland*; voilà le profil gigantesque d'Henri IV, que forment les accidents capricieux de ces montagnes. Ici, c'est le *tombeau du général Hoche*. Puis, au front de tous les monuments, la radieuse fleur de lys, que nous avons vu fleurir dans les vitraux de l'église de Wiesbaden, et que nous retrouverons jusque sous les hardis arceaux de la cathédrale de Cologne. Jusqu'à la frontière française nous passerons ainsi à travers une haie des souvenirs historiques qui attestent l'origine et la puissance de nos pères.

A Dolain, les ruines du château de Pépin d'Héristal; à Aix-la-Chapelle, le grand nom de Charlemagne qui remplit encore l'Occident tout entier. Ah ! qu'on est trois fois heureux et fier d'être français, lorsqu'on ne sépare pas les gloires du passé des gloires du présent; et qu'au lieu de se borner à lever les yeux vers le sommet d'une colonne élevée à nos trophées d'hier, on plane, du haut de la pyramide majestueuse de notre histoire, sur quatorze siècles de magnanimes exploits et de grandeurs de tout genre, qui attestent, sur toute la surface du globe, la mission providentielle de la maîtresse-nation.

Ces réflexions nous les faisions, réunis en groupe avec nos compagnons de voyage, sur le pont du vapeur qui nous emportait.

Autour de nous venaient, comme attirés par un aimant sympathique, quelques allemands qui ne s'offensaient pas des élans de notre patriotique enthousiasme. — Nous comprenons, nous disait un jeune négociant de Cologne, qu'à l'élégance de ses manières et à son accent presqu'irréprochable, on aurait pris facilement pour un français, nous comprenons bien que vous désiriez votre frontière du Rhin; c'est vraiment, comme vous le dites, la ceinture naturelle de la France; mais malgré toutes mes sympathies pour votre nation, je ne saurais renoncer à ma nationalité allemande. — L'un d'entre nous expliqua comment nous entendions concilier notre respect pour toutes les nationalités, avec notre ardent désir de récupérer les limites que la nature avait évidemment assignées au beau pays de France. Cette démonstration en amena une autre; et nous fûmes conduits à exposer toutes nos idées politiques à propos du voyage que nous venions de faire à Wiesbaden. — Vos idées ont l'avenir pour elles, et tous les hommes de cœur y viendront, nous dit notre nouvel ami. A Cologne, il voulut passer la soirée à l'hôtel avec nous, et après avoir échangé nos adresses, nous nous quittâmes à regret, quoique bien certains de nous revoir un jour.

Nous n'avions pas cessé de rencontrer des bateaux à vapeur qui portaient encore à Wiesbaden de nombreux voyageurs français. A Cologne, je fus accosté au moment où je passais le seuil de l'hôtel Disch, par M. S. qui portait au prince une adresse signée de 2,000 bordelais, tous hommes du droit national, indiquant l'appel au peuple comme l'unique moyen de solution. Il nous annonça que les députations du Midi étaient en route avec des adresses semblables; mais le départ du prince étant fixé à la fin du mois d'août, il n'était guère probable qu'elles pussent arriver à temps.

Nous-mêmes, en arrivant à Lille, nous ne sûmes point donner l'assurance à plusieurs de nos amis qui voulaient conduire au prince une seconde députation, bien plus considérable que la première, qu'ils pourraient parvenir à Wiesbaden avant son départ.

Le moment de la séparation était arrivé pour ceux des membres de notre délégation que nous n'avions pas déjà laissés en route.

Une véritable fraternité était désormais cimentée entre nous tous. Nous nous serrâmes la main, en nous répétant ces mots qui, depuis, ont passé par la bouche auguste du petit fils de nos rois : restons inébranlables dans nos principes, et prenons pour invariable mot d'ordre, la devise de leur représentant :

Tout pour la France et par la France !

—

Voici, par ordre alphabétique, la liste complète des hommes du droit national du département du Nord que nous avons eu l'honneur de présenter à Henri de France :

MM.

Bayart, lieutenant-colonel en retraite, à la Madeleine-lez-Lille.

Billiard, commissionnaire en farines, à Lille.

Buisine-Rigot, sculpteur, à Lille.

Cavrois, négociant-armateur, à Dunkerque.

De Lavaulx (comte Erard), propriétaire, au Quesnoy.

Delcourt, négociant, à Wazemmes.

Droulers (Louis), fabricant de sucre à Ascq.

Droulers (Florentin) id.   id.   id.

Farnèse, négociant, d'Avesnes.

Lescut, propriétaire, à Cambrai.

Leurent (Désiré), filateur, à Tourcoing.

Malfait, filateur, à Tourcoing.

Martel, peintre-verrier, à Douai.

Martin-Roger, négociant, à Douai.

Paris, maître bottier, à Douai.

Pauquet, agent d'affaires, à Avesnes.

Poirier, vannier, à Dunkerque.

Riquiez, commis, à Lille.

Trinquet, brasseur, à Douai.

Vammoë, charpentier, à Dunkerque.

Vermesch, ancien sergent d'infanterie, à Dunkerque.

Outre ces honorables compatriotes, nous comptions encore parmi nous :

Madame Cavrois, qui avait voulu accompagner son mari dans ce chevaleresque voyage ;

M. Faure, de Wazemmes, vénérable octogénaire, plein d'ame et de verdeur ;

Et M. Vaillant, employé du journal l'*Ami de l'Ordre*, d'Amiens, qui, en sa qualité de picard, nous avait demandé de s'adjoindre aux délégués flamands.

PORTRAIT DE HENRI V.

Nous pourrions donner un portrait de Henri de France. Nous préférons le laisser tracer par une main qui ne sera pas suspecté d'enthousiasme légitimiste.

Voici en quels termes Pierre Durand (Eugène Guinot) l'un des rédacteurs d'un journal orléaniste, l'*Ordre*, trace le portrait de M. le duc de Bordeaux, qu'il a vu à Wiesbaden :

« M. le comte de Chambord est de taille moyenne et d'une tournure élégante, quoique un peu fort. Il boite légèrement et non sans grace, à la manière de lord Byron. Il porte noblement la tête, qui est d'une rare beauté. Ses traits sont d'une exquise délicatesse ; le teint admirable : blanc et rose ; la bouche petite, le nez droit et fin, des yeux expressifs et spirituels, le sourire plein de grace. Le double caractère d'une haute intelligence et d'une inépuisable bonté se peint dans ses regards et sur son front. Il est difficile d'avoir plus que lui la séduction de la personne et le charme des manières. La délicatesse de ses traits, la couleur de sa barbe et de ses cheveux blonds lui ont laissé l'air de la première jeunesse : c'est à peine si on lui donnerait vingt-deux ans, et il en a trente. Le prince parle avec facilité, avec à-propos, et le séjour des pays étrangers n'a nullement altéré son accent parisien. C'est faussement que l'on a prétendu que le prince se faisait appeler « sire » et « le roi. » — On le nommait simplement « monseigneur. »

» On vous a dit que le prince habitait le second

étage de l'hôtel Duringer, le principal hôtel de Wiesbaden, situé en face de l'embarcadère du chemin de fer. — Pourquoi le second et non le premier? demandait-on. — Voici pourquoi : lorsqu'on se présenta pour retenir un appartement, la saison était déjà avancée, tout était pris, et une partie du premier étage de l'hôtel Duringer était occupée par les Anglais. On pria ces anglais de céder leur appartement et d'en changer ; il ne s'agissait pour eux que d'un très petit dérangement : ils refusèrent.

» On leur nomma le comte de Chambord, ils persistèrent dans leur refus. C'était leur droit ; mais le droit n'était d'accord ni avec le bon goût ni avec les convenances.

» Hâtons-nous de dire seulement qu'il ne faut pas juger les Anglais sur ceux qui voyagent. Ce serait juger défavorablement une nation qui, chez elle, sait se conduire dignement.

» Lorsqu'on apprit au prince que les touristes d'Albion refusaient de céder le premier étage, il répondit en souriant : « Eh! bien, je logerai au second. »

» Ce refus n'empêcha pas que les anglais, qui demandèrent l'honneur d'être reçus à ses soirées, fussent bien accueillis. Cela n'empêcha pas les anglaises admises à ces soirées de se précipiter sur les buffets, comme une nuée de sauterelles, et d'engloutir en un clin d'œil tout ce qui s'y trouvait de comestibles et de rafraîchissements.

» Ne jugez pas non plus les anglaises sur celles qui voyagent. »

Nous avons promis, dans le cours de ce récit, de parler avec plus de détails de la députation des paysans bretons. Mais pourrions-nous le faire mieux qu'en leur laissant raconter à eux-mêmes leurs impressions de voyage, dans leur style simple et naïf?

Voici la lettre qu'ils ont adressée à *la Bretagne*, de Vannes :

« Monsieur le rédacteur,

» Et nous aussi, pauvres laboureurs, humbles artisans du Morbihan, nous venons d'arriver de Wiesbaden, le 29 août, où, comme tant d'autres, nous avons été entraînés par la simple impulsion du cœur, pour voir M. le comte de Chambord et lui offrir l'expression de notre dévouement, comme au représentant du principe pour lequel nos pères ont combattu et souffert. C'est Dieu qui nous a suggéré cette bonne inspiration, et nous devons lui rendre grace du bonheur que nous avons ressenti de tout ce que nous avons vu et entendu. M. le comte de Chambord, qui sera appelé un jour, nous n'en doutons pas, à faire le bonheur de la France, est d'une bonté, d'une simplicité qui surpassent toute idée; il semble vous dire :

« *Je vous aime, puisque vous êtes mon ami.* » Il

ne fait aucune distinction entre l'homme élevé dans l'échelle de l'ordre social et le simple paysan. Nous ne saurions en donner une meilleure preuve qu'en disant que Mathurin Robert, du village de Ter, en Baden, âgé de 68 ans, qui était avec nous, a dîné le 22 août à la table du prince, placé à sa gauche, dans son simple costume de paysan ! Mathurin Robert, ancien courrier du général Georges, était à l'affaire de Quiberon. Le dévouement des Bretons devance les années.

» Nous avons tous dîné à l'hôtel du prince; nous avons été admis à ses soirées et il ne cessait de nous remercier d'être venus le voir ! Il est loin de notre pensée de nous attribuer personnellement tant d'honneur; cet honneur rejaillit tout entier sur la population morbihannaise. Nos amis, les campagnards comme nous, seront heureux d'apprendre que leur fidélité et leurs souffrances sont dignement appréciées. Les mots : Liberté, égalité, fraternité, sont inscrits sur nos monuments; Henri V les a mieux placés, puisqu'ils sont dans son cœur.

> » Silvestre Robino, — Guillaume-Marie Menet, — Le Blévenec, — Claude Leyondre, — Basile Gillet, — Mathurin Guillemot, — Mathurin Robert.

» 30 août 1850. »

Voici la liste complète de cette députation du Morbihan :

MM.

Mathurin Robert, dit *le Vieux du Roi.*
Guillaume-Marie Le Menet, cultivateur.
Sylvestre Robino,   id.
Bazile Gilet,   id.
Claude Le Yondre,   id.
Mathurin Guillemot,   id.
Pierre Le Blevenec, boulanger.
Joseph le Barh, cordonnier.
E.-M. de Rougemont, propriétaire.
Gabriel de Mirabeau.
Lécuyer de Villers.

Nous devons noter ici que ces braves paysans vendéens sont aussi du droit national. M. Lescut, de Cambrai, ayant demandé à l'un d'eux, Le Blevenec : — Lisez-vous des journaux ? — Oui, répondit le breton : nous lisons la *Gazette de France,* l'*Emancipateur* et l'*Etoile du Gard.*

LA CAUSE

DE

L'APPEL AU PEUPLE

plaidée devant

HENRI DE FRANCE.

> L'appel au Peuple français !
> LOUIS XVI.
> Par la France ou pas !
> HENRI V.

Prince,

Un des représentants du peuple qui ont été vous offrir l'hommage de leur fidélité à Wiesbaden, a cru devoir, à son retour, mêler votre nom à une des questions les plus vivaces de la polémique actuelle.

De votre part., ce représentant a lancé l'anathème sur *la ligne* des hommes du droit national qui se sont ralliés au mot d'ordre de l'appel au peuple.

Cette démarche est d'une incalculable gravité.

En effet, elle tendrait à séparer, non pas de

votre personne (cela est impossible pour ceux qui vous connaissent, c'est-à-dire qui vous aiment); non pas du principe que vous représentez (cela est impossible pour quiconque a la foi monarchique); mais, du moins, de votre ligne politique, c'est-à-dire des moyens adoptés par vous pour préparer le triomphe de ce principe, vos amis les plus désintéressés et les plus nombreux; et, ce qu'il y aurait de plus déplorable, ces masses qui n'ont pour vous ni aversion, ni affection, parce que, ne vous connaissant pas encore, elles attendent que vous vous révéliez à elles.

Etes-vous l'homme du passé, tel que le rêvent ceux que Châteaubriand appelait *les demeurants d'un autre âge ;* ou bien, êtes-vous réellement l'homme de ce nouvel univers qu'il a salué en vous : voilà ce qu'épie avec l'anxiété du doute, dans chacune de vos paroles, dans chacune de vos démarches, ce peuple en butte à toutes les obsessions des tentateurs de la politique.

Déjà, sur la foi de Châteaubriand, l'un des prophètes de ce peuple qui croit, quoi qu'on en dise, aux intuitions du génie, les intelligences inclinent vers vous.

Prenons garde qu'une parole imprudente ne vienne les faire vaciller ; prenons garde surtout qu'à l'aide d'un malentendu, on ne parvienne à décourager les hommes de bien dont le zèle est si lent à s'enflammer, si prompt à s'engourdir.

Prince que nous aimons avec une abnégation entière, prince en qui nous vénérons le dogme auguste qui doit sauver la France, vous n'êtes pas pourtant, ainsi que nos adversaires se plaisent à le répéter, un fétiche dont nous adorons chaque mot, chaque geste, comme des oracles infaillibles.

Non, les hommes du droit national ne s'inclinent devant la raison du roi, que lorsqu'elle a raison; et le premier de tous leurs devoirs, est de soutenir la vérité devant le roi, lorsque par malheur on l'a trompé, ou qu'il se trompe. Cette vérité, prince, vous savez l'entendre : elle est douce à vous dire.

Oui, prince, on vous a trompé sur ce qu'on affecte de nommer les doctrines *systématiques* de l'appel au peuple : puisqu'on vous a présenté comme un principe arrêté, une condition *sinè quâ non* du droit héréditaire qui se personnifie en vous, ce qui n'est qu'un moyen de rendre à la France monarchique la liberté de la parole, en lui ôtant son baillon révolutionnaire.

Le but secret de ceux qui vous induisent dans cette erreur, est de vous faire condamner, comme ils se hâtent de le faire publiquement en votre nom, ceux de leurs co-religionnaires politiques qui ont, à juste titre, blâmé la ligne tortueuse que ces hommes ont suivie, soit au parlement, soit dans la presse, en compromettant ainsi les grands principes d'une cause qui ne peut triompher en France que par la raison et la loyauté.

Ainsi, au nom de l'union, de la conciliation, on conduirait votre main royale à trancher en deux camps irréconciliables l'armée trop peu nombreuse des fidèles de l'exil.

De quel côté se rangerait la France?

Hélas! ce qu'il y a de plus cruel à prévoir, c'est que son aversion profonde pour les absolutistes et les esprits rétrogrades qui ont perdu la monarchie, lui ferait prendre en défiance le principe que vous représentez.

C'est cet irréparable malheur qu'il faut à tout prix conjurer.

Fort donc de notre conviction, encouragé par la sérénité avec laquelle nous avons vu que vous saviez souffrir la contradiction, fidèle à la promesse que nous vous avons faite de vous exposer les raisons de la ligne politique suivie persévéramment par l'incontestable majorité de vos amis anciens et nouveaux, après avoir reçu l'assurance que vous liriez attentivement cet exposé, nous venons défendre, et nous osons l'espérer, faire triompher devant vous la cause de l'appel au peuple.

L'appel au peuple! où avons-nous recueilli ce mot? Est-ce, comme l'ont prétendu ceux qui condamnent sans vouloir entendre, quelque rubrique révolutionnaire, empruntée au vocabulaire de la démagogie? — Non : ce mot, il est descendu du haut de l'échafaud de Louis XVI, et il aurait épargné un régicide à la France, s'il avait été entendu. Cette arme, trempée dans le sang du roi-martyr, est, au contraire, l'épée flamboyante devant laquelle recule interdite la révolution.

Mais qui donc a donné, le premier, ce mot d'ordre à la France légitimiste? — Qui donc, prince, si ce n'est vous-même lorsque vous avez prononcé ces paroles, désormais historiques, qui ont commencé à révéler votre cœur tout français :

Tout pour la France et par la France!
Par la France ou pas!

Pour que vous reveniez par la France, il faut que la France puisse vous appeler.

Eh! comment vous appellera-t-elle, si le peuple ne recouvre pas la liberté de parler?

Vous ne voulez pas revenir par la guerre étrangère ;

Vous ne voulez pas revenir par la guerre civile ;

Vous ne pouvez donc revenir que par l'acclamation du peuple tout entier.

Eh ! bien, c'est cette acclamation que nous voulons provoquer.

Un de ces paysans, dans l'intelligence desquels le bon sens national semble s'être réfugié, nous disait quelques temps après la révolution de 1848 :

— La république est enceinte d'un roi : mais elle ne peut pas accoucher. »

Nous voulons favoriser l'accouchement par l'appel au peuple : voilà tout.

Examinons, avec autant de patience qu'ils mettent d'humeur et d'emportement à le repousser, les objections des adversaires de l'appel au peuple :

« L'appel au peuple, disent-ils, remet en
» question le droit royal. — Il diminue ce
» pouvoir en force et en dignité. »

Point ! Le peuple n'est pas appelé à dire : le roi a, ou n'a pas le droit. Il est appelé à manifester s'il veut, ou s'il ne veut pas, que ce droit revienne s'exercer.

Qu'on daigne donc y faire attention : il faudra bien toujours que quelqu'un proclame que le roi peut et doit même revenir en France. Eh ! bien, ce quelqu'un, assemblée, président, ou gouvernement provisoire, aura-t-il créé le droit du roi ; y aura-t-il, aux yeux de nos adversaires, ajouté quelque sanction, pour l'avoir proclamé, pour l'avoir invité à venir s'exercer ?

D'un autre côté, ce quelqu'un, quelque puissant qu'il soit, sera-t-il jamais un aussi haut personnage que la France ; la dignité royale sera-t-elle plus honorée d'être rappelée, sous ce patronage, que par le peuple tout entier ?

Ceux donc qui repoussent l'appel au peuple, comme portant atteinte au droit du roi, ou à la dignité royale, s'enferment dans une impasse et sont conduits par la logique à cette conséquence absurde : ou le roi nous tombera du ciel, ou il ne reviendra pas, sous peine de ne plus être le roi.

Passons à d'autres objections :

« L'appel au peuple est un expédient dangereux :

» 1° Parce que si le peuple est consulté aujourd'hui pour rappeler le roi, il peut être consulté demain pour le chasser ;

» 2° Parce qu'il n'est pas bien certain que le peuple rappelle le roi ;

» 3° Parce que tous les partis voudront qu'on fasse tour à tour appel au peuple sur leurs candidats et leurs utopies. »

Nous pourrions rétorquer aux adversaires de l'appel au peuple cet argument spécieux, par cet autre argument :

Quelque soit le moyen que vous teniez en réserve pour ramener le roi légitime, ce moyen pourrait également être tourné contre lui.

Si c'est, en effet, le parlement qui le rappelle, le parlement pourra le chasser ; si c'est ce que vous appelez si mystérieusement la *force des choses*, la force des choses pourrait un jour devenir la raison d'un nouvel exil.

D'où il suit que votre argument à triple face n'est, au fond, qu'une puérile argutie.

Cependant, nous voulons ôter jusqu'à l'ombre d'un prétexte à ceux qui repoussent l'appel au peuple. Nous prouverons donc que l'appel au peuple, est de tous les expédients le moins dangereux, le plus sûr, le plus stable pour ramener et conserver en France le principe de la légitimité.

C'est le moins dangereux : car celui-là ne laisse à la force brutale aucun moyen de s'immiscer dans le débat ; il ne provoque pas les citoyens à s'armer, sous prétexte de défendre l'indépendance territoriale menacée par l'intervention étrangère, ou d'empêcher le retour du droit divin, du bon plaisir, des privilèges, et le triomphe d'un parti sur un autre parti. L'appel au peuple ne doit faire qu'une chose : constater la volonté générale de la nation ; et comme les partis les plus opposés à l'hérédité du pouvoir, admettent néanmoins la loi suprême de la majorité, ils ne peuvent, sans se suicider logiquement, décliner cette loi, lorsque nous l'invoquons contre eux-mêmes.

Cette épreuve, tentée au scrutin, est donc la plus pacifique de toutes les solutions, la plus claire, la plus prompte et la plus facile : ajoutons qu'elle est la moins humiliante pour l'amour - propre des individus, comme pour l'amour-propre des partis; celle devant laquelle aucun homme de bonne foi, démocrate, orléaniste ou bonapartiste ne peut reculer.

Nous soutenons de plus, nous, que c'est le moyen le plus sûr de ramener le principe du pouvoir héréditaire.

En effet, ou notre foi politique est vaine, ou elle doit être, comme l'affirme Jérôme Bignon, écrite dans le cœur du peuple français aussi profondément que dans l'airain. Si le peuple n'est plus monarchique en France, quel est l'insensé qui pourrait avoir la prétention de lui imposer la monarchie?

Mais nous avons plus que cette présomption philosophique, pour prévoir le résultat de l'appel au peuple.

Deux fois, malgré toutes les entraves apportées à l'exercice sincère du suffrage universel, le peuple a été pressenti à ce sujet.

Envers et contre le scrutin de liste, il nous a donné une assemblée incontestablement monarchique ; — (et, par parenthèse, les représentants du peuple ont si bien prévu que ce peuple ne leur pardonnerait pas de n'avoir pas osé accomplir le mandat tacite qu'il leur avait donné, qu'ils se sont empressés de retrancher les deux tiers des électeurs.)

Au dix décembre, sommé par les républicains d'opter entre la monarchie et la république, dans l'élection d'un président, le peuple a donné six millions de suffrages à celui des deux candidats qui était, comme il l'a admirablement défini lui-même, *le roi de la république.*

Mais il y a une autre et puissante probabilité en faveur de la proclamation du droit héréditaire : c'est que tous les prétendants, comme tous les utopistes, se défient de l'appel au peuple et le repoussent, du moins *à priori.*

Les républicains n'en veulent pas ;

Les orléanistes n'en veulent pas ;

Les bonapartistes n'en veulent pas.... si ce n'est après avoir décidé, en fait, la question.

Et cependant, indice qui démontre la puissance et la popularité qu'ils reconnaissent à ce moyen, tous invoquent le vœu du peuple, comme le sacre de leur pouvoir :

Les républicains disent : « Au nom du peuple ».... qu'ils n'ont pas osé consulter sur la république ;

Les orléanistes disent : « Le droit que le roi Louis-Philippe Ier et sa descendance ont reçu de la volonté de la nation en 1830 ; »

Les bonapartistes disent : « La dynastie impériale que six millions de citoyens ont consacrée par leurs suffrages ; »

Mais tous ces partis hésitent ou se taisent, toutes les fois qu'on leur propose de soumettre leurs prétentions à un scrutin bien franc, sur cette question nettement posée au peuple :

Voulez-vous la monarchie ou la république ?

Et pourquoi ? — C'est que leur conscience leur crie qu'ils sont tous, à des degrès divers, la république : qu'ils y conduisent, ou qu'ils en procèdent, comme tout pouvoir électif ; qu'il n'y a de monarchie que la monarchie héréditaire ; et qu'une fois la monarchie acclamée par l'immense majorité du peuple, comme ils sentent qu'elle le serait indubitablement, l'ombre d'un doute ne peut venir à personne sur le véritable héritier.

L'appel au peuple, nous croyons l'avoir prouvé, serait donc le plus sûr et le plus court moyen de ramener en France le roi légitime.

Faut-il démontrer maintenant que ce serait le moyen le plus stable, c'est-à-dire le plus propre à l'y maintenir en face des entreprises des partis ?

Ces partis ont pu attaquer et finir par renverser, — et remarquez bien que ce fut par tout autre moyen que l'appel au peuple, — la restauration accomplie, non point par l'étranger, (ce qui restera toujours un mensonge historique), mais du moins à la suite d'une invasion étrangère.

Mais que pourrait invoquer l'esprit de parti contre la volonté nationale, si clairement proclamée par un scrutin libre et sincère ?

Toute l'artillerie révolutionnaire contre l'institution de la royauté, serait enclouée. Il ferait beau voir parler encore de baïonnettes étrangères, de droit divin, de bon plaisir, de chouans, de verdets, d'intérêts personnels ou de passions politiques créant ou soutenant la royauté, lorsque le roi pourrait dire : Henri V, par la grace de Dieu et par *la volonté manifeste de la nation!* — lorsqu'au lieu des frêles épées de quelques centaines de gentilshommes, passant pour être opposés d'intérêts et d'idées aux intérêts des classes les plus nombreuses et aux idées de leur époque, le roi se montrerait appuyé sur les bras robustes de tout le peuple ; — lorsqu'on verrait revenir le père de la patrie acclamé par tous ses enfants, au lieu du roi imposé par la force combinée de la nécessité des choses, de la puissance d'un parti et de l'adresse des diplomates : tous fragiles appuis, pleins de déceptions amères et de ruineuses exigences pour les peuples comme pour les rois.

Qui ne le comprend? pour renverser de son trône un roi qui y aurait été ainsi ramené, il ne faudrait rien moins désormais, que la volonté du peuple tout entier, acharné à détruire son propre ouvrage avec l'œuvre de Dieu, c'est-à-dire un peuple poussé au suicide par une démence furieuse.

Mais si l'on admet un peuple abandonné ainsi au délire qui suit la malédiction de Dieu, où donc sera la force humaine capable de conjurer les effets de la colère céleste ?

Est-ce que, par hasard, les adversaires de l'appel au peuple connaîtraient ce moyen?

Alors, ils sont bien coupables ! Coupables de ne l'avoir pas employé en 1793 ; coupables de ne l'avoir pas suggéré en 1830 ; trois fois coupables de ne pas le révéler aujourd'hui.

Croient-ils donc que la nation qui agonise depuis vingt ans, ait la longanimité d'attendre que le hasard lui fasse découvrir leur mystérieux topique?

Qu'ils parlent donc : quand, comment, par qui leur dédaigneuse sagesse a-t-elle résolu que le roi légitime reviendrait en France? — J'écoute......

et n'ose point deviner leur criminelle illusion :

« Quand le peuple sera saturé d'expériences, quand il aura été suffisamment rongé par la misère, exténué par la famine, décimé par la guerre civile, alors, désespéré, il tendra, en dernière ressource, les bras vers le roi.... »

Mauvais français, vous n'aimez pas la patrie ; vous insultez au cœur de son père. Croyez-vous donc qu'il soit si doux de régner sur des ruines ? Quoi, vous pouvez épargner à la France ces torrents de sang et de larmes : et pour une vaine considération d'étiquette, pour que le peuple appelle le roi, au lieu que le roi en appelle au peuple, vous acceptez cette barbare alternative !

Et qui vous a dit que votre horrible calcul ne serait pas déçu ? Délirant de désespoir, c'est dans les bras du premier despote audacieux que se jeterait le peuple, sur lequel on aurait fait cette épouvantable expérience. Mais auparavant, vous auriez été, vous les expérimentateurs, broyés sous ses pieds indignés.

Au fond, qu'y a-t-il entre votre plan et le nôtre ?

Vous voulez que le peuple acclame le roi, quand il succombera sous le poids de ses calamités. — Il y a du fanatisme et de la vengeance au fond de cette idée.

Nous demandons, nous, que le peuple, soit loyalement mis en demeure de prévenir l'excès de ces maux qu'il a déjà trop longtemps endurés, en provoquant, dès aujourd'hui, cette acclamation. — N'est-ce pas là l'idée de réparation et de conciliation, d'union et d'oubli, l'idée vraiment royale ?

Ah ! prince, nous en appelons au cœur du petit-fils de Henri IV : qu'il regarde et qu'il prononce maintenant entre nous et ceux qui ont dénaturé nos intentions, nos actes et nos paroles, pour nous prêter je ne sais quelle doctrine hétérodoxe sur le principe du pouvoir légitime.

En sommes-nous donc à fournir nos preuves d'orthodoxie et de fidélité ?

Eh bien ! soit : comparons, si vous le voulez, nos titres avec le blason de nos détracteurs.

Soldats de la presse du Droit National sur toute la surface de la France, durant dix-huit ans, nous l'avons défendu ce dogme sauveur de l'hérédité monarchique, non pas au fond de nos châteaux, sans rien perdre d'une vie de délices, mais tous les jours sur la brèche, en face des tribunaux, des amendes, des geôles et des caresses corruptrices de l'usurpation, à nos risques et périls, à nos frais et dépens, au milieu de persécutions d'ennemis astucieux, et d'amis plus perfides, qui ne nous pardonneront jamais d'avoir deviné la trahison déjà consommée dans leurs cœurs et commençant à percer dans leurs palinodies.

Notre foi politique, nous l'avons confessée au milieu de la tempête, quand la stupeur semblait l'avoir glacée au fond du cœur de ceux qui viennent aujourd'hui, au nom du roi, nous retrancher de la communion royaliste. Devant les républicains triomphants, quand ils criaient *vive la république!* est-ce que notre voix a cessé de crier : vive Henri V !. Quand leur lèvre tremblante balbutiait : « la question est jugée, » en répétant l'anathême aux rois, nous disions alors comme aujourd'hui : « Nous en appelons au peuple qui cassera votre jugement, si vous osez le consulter. »

Nous le disions : non pas que nous nous estimions plus forts, plus intrépides, plus vertueux que nos accusateurs ; mais parce qu'au fond de nos cœurs, Dieu a mis et conserve vive et pure cette foi monarchique qu'il a déposée, comme le sel de la nation, dans le cœur des vrais français.

Prince, croyez-en cette foi qui ne spécule pas et qui n'a jamais capitulé ; croyez-en ce cri qui monte droit et franc vers vous, plutôt que ces sourdes rumeurs qui vous arrivent par des voies souterraines.

Vos amis, vos plus populaires et, Dieu soit
loué! vos plus nombreux amis sont de ce côté.
Ils connaissent le peuple avec lequel ils ont
travaillé, combattu, souffert pour vous ; ils vous
aiment avec plus de ferveur, parce que c'est la
France qu'ils aiment en vous ; parce qu'ils
cherchent, non pas telle faveur, telle croix,
telle place, dans votre triomphe, mais le salut
de la patrie.

Du côté des adversaires de l'appel au peuple,
nous voyons avec tous les compétiteurs de votre
droit, avec tous ceux qui l'ont usurpé ou qui
voudraient l'usurper encore, ceux que le peuple
considère comme la barrière la plus infranchis-
sable entre vous et lui : les représentants des
anciennes classes privilégiées ; puis ceux qui
voudraient ériger le parlementairisme, comme
une nouvelle muraille, autour de la royauté ;
puis enfin, la race famélique des importants qui
espèrent prélever un inépuisable tribut sur la
reconnaissance royale.

Nous, prince, nous voulons que le roi soit
rappelé par tout le monde, afin qu'il ne doive
rien à personne.

Nous voulons que le peuple arrache enfin
toutes ces hallebardes qui le séparent du cœur
de son roi légitime.

L'appel au peuple que nous demandons n'est

point, vous le voyez, un insolent contrôle de votre droit : il le proclame, et en le proclamant, il le fortifie.

Cela est si vrai, qu'à la publication de la lettre si mal inspirée du représentant qui condamnait, en votre nom, l'appel au peuple, vos plus irréconciliables ennemis ont tressailli de joie, et le *National* s'est écrié : « Ce grand » principe de l'appel au peuple, ce cheval de » bataille des légitimistes n'était qu'*un leurre*.... » M. Poujoulat est chargé par le prince de le » déclarer à tous ses amis. Ainsi disparaissent » les équivoques. Que l'on ne vienne plus nous » parler d'une conciliation impossible entre les » deux principes qui servent de base à l'orga- » nisation de la société française et le principe » de la légitimité. Droit populaire ou droit » divin : voilà les deux termes de la question. »

Non, ce ne sont pas là les deux termes de la question. Les deux termes de la question ce sont : l'autorité et la liberté. Et ces deux termes que vous, révolutionnaires, vous vous efforcez de poser en antagonisme, nous les montrons, nous, indivisiblement unis dans le droit national. Appuyés sur les faits, nous prouvons que les droits du peuple périssent quand le peuple méconnaît le droit du roi ; comme le droit du roi tombe impuissant, lorsque le roi oublie les droits du peuple.

Ah ! vous voudriez bien que l'appel au peuple fût un leurre, vous voudriez bien, graces à un concours que certes vous n'osiez pas espérer, que les hommes du Droit National fussent renversés de ce cheval de bataille qui passera un jour sur le cadavre de vos utopies.

Prince, que la joie des hommes du peuple-souverain vous éclaire : ne laissez pas, comme votre infortuné cousin don Carlos , fusiller vos plus éprouvés défenseurs.

Ah ! si au lieu de prêter l'oreille à d'insidieuses dénonciations, il avait écouté la voix de ses fidèles Navarrais qui lui criaient : *nos fueros* et en avant ! Cabrera le conduisait à Madrid. Vous savez où l'ont conduit les absolutistes et Maroto.

L'appel au peuple donc ! prince, l'appel au peuple, qui vous conduirait triomphant, avant six mois, aux Tuileries ;

L'appel au peuple qui, avec votre exil, abrégerait les angoisses de la France ;

L'appel au peuple qui ferait taire jusqu'au soupçon de l'intervention étrangère, qu'abhorre votre patriotisme ;

L'appel au peuple, par lequel vous épargnerez des torrents de sang français, vous qui esti-meriez payer trop cher votre couronne au prix d'une seule goutte de ce sang précieux.

Descendant de Philippe-Auguste, douteriez-vous du peuple, dont votre immortel aïeul n'a pas douté à la veille de la bataille de Bouvines?

Héritier de Louis XVI, non, vous ne laisserez pas jeter l'anathême à ceux qui répètent le cri du roi-martyr, et ce cri sauveur de l'appel au peuple ne sera plus étouffé, comme autrefois par les roulements des tambours régicides.

Henri **CARION**,

Rédacteur de l'Emancipateur.

Imp. de Henri Carion, à Cambrai.